BEI GRIN MACHT SICH IHR WISSEN BEZAHLT

- Wir veröffentlichen Ihre Hausarbeit, Bachelor- und Masterarbeit

- Ihr eigenes eBook und Buch - weltweit in allen wichtigen Shops

- Verdienen Sie an jedem Verkauf

Jetzt bei www.GRIN.com hochladen und kostenlos publizieren

Bibliografische Information der Deutschen Nationalbibliothek:

Die Deutsche Bibliothek verzeichnet diese Publikation in der Deutschen National-
bibliografie; detaillierte bibliografische Daten sind im Internet über http://dnb.d-
nb.de/ abrufbar.

Impressum:

Copyright © 2016 GRIN Verlag, Open Publishing GmbH
Druck und Bindung: Books on Demand GmbH, Norderstedt Germany
ISBN: 9783668354920

Dieses Buch bei GRIN:

http://www.grin.com/de/e-book/345345/entwicklung-einer-methode-zur-loesen-
zweier-finger-die-mit-sekundenkleber

Helene Zeisig

Entwicklung einer Methode zur Lösen zweier Finger, die mit Sekundenkleber zusammen geklebt wurden

Entwicklung einer Methode zum Lösen zweier Finger, welche mit Sekundenkleber zusammengeklebt wurden

Verfasserin: Helene Zeisig

Kurs: Chemie

Abgabeort: Meißen

Abgabedatum: 4.2. 2016

Inhaltsverzeichnis

Einleitung

So ziemlich jeder, der ab und zu bastelt oder handwerkelt hat sich früher oder später vor dem Problem gesehen, etwas leimen zu müssen. Dann stellt sich die Frage, mit welchem Klebemittel und viele greifen an dieser Stelle zum „Superkleber". Doch eben diese sind nicht nur praktisch, sondern auch tückisch, da sie Oberflächen innerhalb weniger Sekunden fest verbinden. Vor allem auf Haut und Augen soll man bei der Verwendung von „Sekundenklebern" achten, damit diese keinen Schaden durch eine Verbindung, z.B. der Augenlider, nehmen.

Doch was tun, wenn man sich die Finger doch zusammengeleimt hat?

Diese Frage soll in der vorliegenden Arbeit beantwortet werden.

Dazu soll zunächst auf den Klebstoff – Ethyl-2-cyanacrylat – eingegangen werden, auf seine Wirkungsweise und auf mögliche Einflüsse. Darauf folgt der praktische Teil: die Experimente. Hierzu sollen verschiedene Stoffe in einem eigens für diese Facharbeit erfundenen Versuchsaufbau auf ihr Löseverhalten in Hinsicht auf diesen Kleber getestet werden. Anschließend folgt eine Auswertung, die nicht nur die Versuchsergebnisse gegenüberstellen, sondern auch die Anwendbarkeit für den Alltag bewerten soll.

Denn genau das soll das Ziel sein: die Entwicklung einer alltäglich anwendbaren und effektiven Methode, die man auch zuhause umsetzen kann.

In dieser Versuchsreihe werden Lösemittel wie Aceton, Ethanol und Wasser untersucht, aber auch Nagellackentferner, da diese verschiedene Lösemittel zu ihren Inhaltstoffen zählen und viele Haushalte über diese bereits verfügen. Vermutlich werden Aceton und Ethanol die Klebstoffe lösen da sie schon in geringer Konzentration in effektiven Reinigungsmitteln vorhanden sind.

Allerdings soll nicht nur das Lösen des Klebstoffes eine Rolle spielen, sondern auch mit welchen Vorkehrungen dies schneller geschieht oder ob sogar die Verklebung verhindert werden kann. Zur Unfallsvorbeugung soll der Effekt von Vaseline, die vor dem Verkleben auf die Versuchsstücke aufgetragen wird, näher betrachtet werden.

Für den ersten Teil der Arbeit wurden vor allem Bücher aus dem Bereich der Chemie und der Werkstofftechnik verwendet, sowie einige Universitätsunterlagen aus Seminaren, die dieses Thema behandelten. Die Quellen des zweiten, praktischen, Teiles sind vordergründig Sicherheitsmerkblätter. Die Auswertung beruht zu großen Teilen aus eigenen Rückschlüssen, die auf Wissen aus dem regulären Chemieunterricht und Aussagen aus Seminarmitschriften beruhen.

1. Was ist Ethyl-2-cyanacrylat?

1.1 Cyanacrylate – Eigenschaften und Einsatzmöglichkeiten

Der Klebstoff, der in dieser Facharbeit näher untersucht werden soll, wird Ethyl-2-cyanacrylat genannt.

Ethyl-2-cyanacrylat wird der Gruppe der Cyanacrylate zugeordnet[1], welche im Volksmund als „Superkleber" oder „Sekundenleim" bezeichnet werden. Für den Privatmann sind solche „Superkleber" überall erhältlich, meist in Tuben abgepackt.

Die Mehrzahl der Cyanacrylate, wie auch Ethyl-2-cyanacrylat, sind farblos, bei Raumtemperatur gering viskos und zeichnen sich durch einen beißenden oder stechenden Geruch aus. Sie eignen sich besonders zum Kleben von kleinen, öl- und fettfreien Flächen. Aber die zu klebenden Materialien dürfen nicht leicht zu entzünden sein, da die Polymerisation[2] stark exotherm verläuft.

Cyanacrylate sind nicht auf Dauer feuchtigkeits- und temperaturbeständig, weshalb sie, ursprünglich nur für das US-Militär als Wundspray[3] verwendet wurden. Um eine Wunde ohne Faden zu verschließen, wird sie zunächst gereinigt und dann mit dem Wundspray besprüht. Das Cyanacrylat setzt sich auf der Wunde ab, polymerisiert und verschließt die Wunde, baut sich aber ganz langsam wieder ab.

Derzeit werden ebenso Nanokapseln entwickelt, die bestimmte Medikamente beinhalten. Durch die langsame Zersetzung des Polycyanacrylats werden die in den Kapseln eingeschlossenen Wirkstoffe nur langsam an den Körper abgegeben, so dass eine Überdosierung verhindert werden kann. Zudem werden Nanopartikel für die AIDS- und Tumortherapie entwickelt. Durch ihre Größe sind sie ein mögliches „Vehikel zur Überwindung der Blut-Hirn-Schranke"[4].

In der Kriminaltechnik finden Cyanacrylate ebenfalls Anwendung[5]. Die flüssigen Monomere werden leicht erhitzt, so dass sie sich verflüchtigen. Sie setzten sich dann an allen Oberflächen in der Nähe ab und machen dadurch Fingerabdrücke sichtbar, dass sie an

---

[1] Vgl.: Chemie.de: Ethylcyanacrylat [online]. http://www.chemie.de/lexikon/Ethylcyanacrylat.html, 28.12. 2015.

[2] Siehe: Kapitel 1.2 „Die Struktur und Polymerisation"

[3] Vgl.: Brahm, Martin: Polymerchemie kompakt. Stuttgart: S. Hirzel Verlag, 2009.

[4] Wagner, Volker; Wechsler, Dietmar: Nanotechnologie II. Anwendung in der Medizin und Pharmazie. [online]. http://www.vditz.de/fileadmin/media/publications/pdf/50.pdf, 31.1. 2016.

[5] Vgl. Chemie.de: Cyanoacrylat [online]. http://www.chemie.de/lexikon/Cyanoacrylat.html, 31.1. 2016.

den entsprechenden Stellen polymerisieren. Die Fingerabdrücke enthalten nach einiger Zeit noch etwas Schweiß, der genügt, um die Polymerisation auszulösen.

1.2 Die Struktur und Polymerisation

Die Struktur von Cyanacrylaten allgemein besteht aus einem Acrylsäureester und einer Cyanogruppe (Nitrilgruppe). Bei Ethyl-2-cyanacrylat ist es der Ethylester der Acrylsäure mit der Cyanogruppe am C-2-Atom der Säure[6]. Die Cyanogruppe stellt in diesem Fall die funktionelle Gruppe dar.

Das Ethyl-2-cyanacrylat selbst ist aber nicht der Klebstoff, sondern das, durch anionische Polymerisation ausgebildete, Polymer, welches Polyethyl-2-cyanacrylat genannt wird. Durch die geringe Viskosität dringen die Cyanacrylatmonomere in die raue Oberfläche der zu klebenden Stoffe ein. Polymerisiert das Cyanacrylat aus, sitzt es als Feststoff in den feinsten Unebenheiten beider zusammengeklebter Materialien und hält sie dadurch zusammen.

Bei der Startreaktion der Polymerisation von Ethyl-2-cyanacrylat bindet sich ein Hydroxidion, welches sich z.B. durch Dissoziation im Wasser oder in alkalischen Lösungen befindet, an das C-3-Atom, wodurch die Doppelbindung zum C-2-Atom zur Einfachbindung wird und C-2, infolge der fünf Außenelektronen, einfach negativ geladen. C-2 ist nun ein Carbanion. Im darauffolgenden Wachstum greift das Carbanion des aktivierten Monomers ein anderes Ethyl-2-cyanacrylat-Molekül am C-3-Atom an, wo die gleiche Reaktion abläuft[7].

Dieser Vorgang wiederholt sich solange, bis das gesamte Ethyl-2-cyanacrylat polymerisiert ist oder die Kettenbildung unterbrochen wird, z.B., wenn sich an das einfach negative Carbanion ein Proton bindet. Die Kette würde mit einem Wasserstoffatom abgeschlossen.

1.3 Einflüsse auf Cyanacrylat

Sollte eine Verklebung der Haut erfolgen, wird zumeist zu Wasser und zu einer „vorsichtige[n] Behandlung mit Aceton (oder Nagellackentferner)"[8] in manchen Fällen auch zu Spiritus (Ethanol) geraten.

Wasser dissoziiert permanent zu H^+ und OH^-, wobei die Ionen mit Wasser im Gleichgewicht liegen. Da Wasser überall vorkommt (z.B. in der Luft oder im Schweiß),

---

[6] Siehe: Anhang „Struktur von Ethyl-2-cyanacylat"

[7] Siehe: Anhang 2.1.2 „Anionische Polymerisation von Ethyl-2-cyanacrylat"

[8] Institut für Arbeitsschutz der Deutschen Gesetzlichen Unfallversicherungen: Ethyl-2-cyanacrylat [online]. http://gestis.itrust.de/nxt/gateway.dll?f=templates$fn=default.htm$vid=gestisdeu:sdbdeu$3.0, 28.11.2015.

liefert es damit die optimale Grundlage für die Polymerisation. Jedoch kann es auch negativ auf die Reaktion wirken. Da Wasser ein sehr kleines Molekül ist und es leicht in den winzigen Spalt zwischen Kleber und Klebefläche dringt, kann es diese leicht von einender lösen, indem es die intermolekularen Anziehungskräfte aufhebt.

Wenn eine größere Menge Wasser, als für die Initiation gebraucht wird, während der Polymerisation vorliegt, kann sich ein H^+-Ion an das Carbanion einer noch nicht abgeschlossenen Polymerkette binden und das Kettenwachstum vorzeitig abbrechen. Kürzere Ketten führen dazu, dass das Polymer weniger stabil ist.

Aceton und Ethanol sind sehr polare Lösemittel, daher könnten sie die Polymerstruktur durch ihre Polarität zerstören.

Da neben Aceton auch Nagellackentferner empfohlen wird, sollen hier beide Varianten untersucht werden: acetonhaltiger Nagellackentferner und acetonfreier Nagellackentferner.

Der aktive Wirkstoff im acetonfreien Nagellackentferner ist Ethanol. In dem, in dieser Arbeit verwendeten, acetonfreien Nagellackentferner sind neben Ethanol folgende Stoffe enthalten: Essigsäureethylester, Caprylic/Capric Triglycerin (ein hautpflegendes Fett), Parfum, CI 16035 und CI 47000 (zwei in der Kosmetikindustrie verwendete Farbstoffe).

In dem acetonhaltigen Nagellackentferner sind ebenso Caprylic/Capric Triglycerin und Parfum enthalten. Neben Aceton sind Wasser, Limonen (ein biologisches Duft- und Lösemittel), Cumarin (ein pflanzlicher Duftstoff), Alpha-Isomethyl Ionene (ebenso ein Duftstoff) und CI 19140 und CI 42090 (kosmetische Farbstoffe) beinhaltet.

Neben der Lösung soll auch die Unfallverhütung eine Rolle spielen. Da das Polymer die beiden Finger zusammenhält und die Polymerisation aufgrund der Wahrscheinlichkeit der Initiation durch ein Hydroxidion nicht zu vermeiden ist, soll daher untersucht werden, ob man z.B. mit Vaseline (eine fetthaltige Hautcreme und Nebenprodukt bei der Erdölgewinnung) dem vorbeugen kann. Die Vaseline hüllt, nach der Anwendung auf der Haut, diese in eine fettige Schicht, die das Ethyl-2-cyanacrylat davon abhalten sollte, in die Unebenheiten zu gelangen. In dieser Versuchsreihe soll reine weiße Vaseline (Petrolatum) verwendet werden.

2. Experimente

2.1 Entwicklung der Experimente

Der Aufbau

An einem Stativständer wird eine Stange waagerecht befestigt. Daran wird ein Federkraftmesser (in diesem Fall ausgelegt für 10 Newton) angebracht. Am unteren Teil des Federkraftmessers wird ein Stück Schweineschwarte befestigt, dessen Fläche 2x2 cm beträgt. Dieses Fleischstück 1 wird mittels Ethyl-2-cyanacrylat an ein ebenso großes Stück 2 angeklebt. Am unten Fleischstück 2 ist ein Massestück von einem Kilogramm befestigt. Das Massestück und die Fleischstücke 1 und 2 befinden sich in einem mit dem entsprechenden verwendeten Lösemittel gefüllten Behälter.

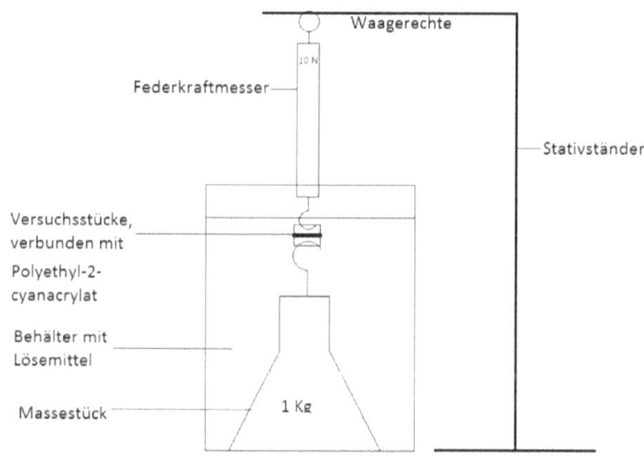

Grafik 1: Versuchsaufbau

Der Versuchsaufbau wurde auf Grund folgender Thesen entwickelt:

1) Anstelle zweier menschlicher Finger können zwei Stücke Schweineschwarte verwendet werden.

> Schweineschwarte wurde für diese Versuchsreihe ausgewählt, da sie von ihrer Oberflächenbeschaffenheit her, der der menschlichen Haut sehr ähnlich ist. Aufgrund der analogen Struktur zum menschlichen Fleisch findet Schweinefleisch unter anderem in der Kriminalistik Anwendung. Um menschliche Hände zu simulieren, werden die Fleischstücke mit Seife gewaschen, um den Fettfilm zu

entfernen, da auch die menschliche Haut, infolge des häufigen Händewaschens (nach Toilettengang, Geschirrabwaschen etc.), im Gegensatz zur Schweinehaut vergleichsweise fettfrei ist.

2) Die zu lösenden Finger sind Daumen und Zeigefinger und können daher in exakt entgegengesetzte Richtungen gezogen werden.

3) Zum Lösen der Finger benötigt man eine Kraft F, die dem Auseinanderbewegen der Finger entspricht.

Die, auf die Klebefläche wirkende Kraft, setzt sich zusammen aus der Kraft der Bewegung des Zeigefingers F_Z in die eine Richtung und der Kraft der Bewegung des Daumens F_D in die entgegengesetzte Richtung. Im Versuchsaufbau wird diese auf die Klebefläche wirkende Kraft dadurch realisiert, dass das Fleischstück 2, aufgrund der daran befestigten Masse, unbeweglich bleibt und über die Höheneinstellung des Federkraftmessers mit der addierten Kraft beider Bewegungen der Finger am Fleischstück 1 gezogen wird. Die verwendeten Kräfte wurden zuvor mit zwei menschlichen Fingern ermittelt.

$F_Z + F_D = F_{gesamt} \rightarrow 2\,N + 3\,N = 5\,N = 0\,N + 5\,N$

Über die variierbare Höhe der waagerechten Stange am Stativständer wird die Kraft, mit welcher am Fleischstück 1 und somit an der Klebefläche gezogen wird, eingestellt und mittels des Federkraftmessers überprüft.

4) Es besteht ein dauerhafter Kontakt zwischen Medium und Zweitchemikalie, um den Lösevorgang nicht zu beeinflussen.

Da im Rahmen der durchgeführten Experimente ausschließlich mit flüssigen Lösemitteln gearbeitet wird, steht der bedeutende Teil, die zu lösende Klebefläche sowie das Massestück, in einem Behälter, um den Kontakt zwischen Klebefläche und Lösemittel zu garantieren.

Die Sicherheitshinweise

Die im Rahmen des Experimentes verwendeten Chemikalien sind Aceton, acetonhaltiger Nagellackentferner und acetonfreier Nagellackentferner, Ethyl-2-cyanacrylat, Spiritus (Absolutethanol), Vaseline und Wasser bei 0 °C, 20 °C und 40 °C.

Aceton in ein sehr polares Lösemittel und das einfachste Molekül der Ketone (Dimethylketon). Bei der Verwendung von Aceton sollte beachtet werden, das die

Experimentierumgebung gut belüftet ist, insbesondere im unteren Bereich, da Aceton einen sehr hohen Dampfdruck besitzt und diese Acetondämpfe schwerer als Luft und für den Menschen gesundheitsgefährdend sind. Ebenso ist Aceton leicht entzündlich, weshalb die Experimentieranlage geerdet und offenes Feuer, heiße Oberflächen und andere Zündquellen von der Versuchsumgebung ferngehalten werden müssen.

Bei der Verwendung von Ethanol, den Nagellackentfernern und Ethyl-2-cyanacrylat sollte man ebenfalls auf eine gut durchlüftete Experimentierumgebung achten, da die Dämpfe der Stoffe gesundheitliche Schäden hervorrufen können. Auch die Entzündungsgefahr besteht bei diesen Stoffen, weshalb Zündquellen von den Chemikalien ferngehalten werden müssen und genügend Löschmittel (Sand, kein Wasser) bereitgehalten werden muss.

Für Wasser und Vaseline sind keine besonderen Vorsichtsmaßnahmen zu beachten.

Der Behälter sollte lösemittelbeständig sein, um einer möglichen Schädigung vorzubeugen.

2.2 Die Versuchsdurchführung

Zunächst wird die Anlage bis auf die zwei Fleischstücke aufgebaut. Die beiden Stücke werden auf eine Klebefläche von 2x2 cm zurechtgeschnitten und mit Wasser und Seife gewaschen, um gewaschene Hände zu simulieren. Dann wird auf die Haut des ersten Stückes ein Tropfen Ethyl-2-cyanacrylat gegeben und das Stück 2 entgegengesetzt daraufgesetzt. Mittels kurzen, kreisenden Bewegungen, wird der Kleber optimal verteilt. Dies muss aber schnell geschehen, da das Ethyl-2-cyanacrylat innerhalb von 2 Sekunden zu polymerisieren beginnt.

Das Massestück wird (falls nicht vorhanden) mit einem Haken versehen. Der Haken des Federkraftmessers wird am Fleischstück 1 befestigt, der Haken des Massestücks am Fleischstück 2. Um diesen Vorgang zu vereinfachen, können Federkraftmesser und Massestück aus der Anlage entnommen werden.

Wenn dies geschehen ist, wird zunächst das Massestück in Position gebracht. Zu diesem Zeitpunkt sollte sich das Lösemittel bereits im Gefäß befinden. Dann wird der Federkraftmesser an der Waagerechten des Stativständers befestigt. Über die Höhe dieser Waagerechten wird die zuvor ermittelte Kraft von 5 Newton eingestellt, die auf die Klebefläche wirken soll. Sobald der Federkraftmesser befestigt ist, wird mit der Zeitmessung begonnen.

2.3 Die Zeit als Parameter der Effektivität

Da eine Verklebung der Finger den Betroffenen stark einschränkt, wird er sich in dieser Situation wahrscheinlich eine schnelle Lösung wünschen. Deshalb hat man sich in dieser

Versuchsreihe dafür entschieden, die Effektivität des Lösemittels anhand der Zeit zu bestimmen, die es braucht, um die Versuchsstücke vollständig voneinander zu lösen. Reste des Polyethyl-2-cyanacrylats dürfen dabei an den Versuchsstücken haften bleiben.

Die Zeit als Parameter bringt den Vorteil, dass sie durch einfache Methoden bestimmt werden kann.

Sollte nach 45 Minuten nicht einmal andeutungsweise eine Lösung der Fleischstücke erfolgen, werden die Versuche abgebrochen. Das Experiment ist ebenso ungültig, wenn die Hautstücke verbunden bleiben und sich eine Haut vom Fleisch des betreffenden Stückes löst.

2.4   Beobachtung

Der acetonhaltige Nagellackentferner löste die Versuchsstücke in 2 von 3 Versuchen nicht voneinander[9]. Bei einer Durchführung löste sich das Fleisch bereits nach etwa einer Minute, weshalb ein vierter Versuch durchgeführt wurde. Bei diesem nachfolgenden Versuch lösten sich die Stücke ebenso in 45 Minuten nicht einmal ansatzweise. Daher kann man vermuten, dass die Polymerisation beim 2. Versuch nicht vollständig abgelaufen war und sich die Versuchsstücke nur durch die ziehende Kraft lösten, ohne dass das Lösemittel den entscheidenden Einfluss dazu geliefert hat.

Sowohl bei den Versuchen mit acetonhaltigem als auch mit acetonfreiem Nagellackentferner und ansatzweise bei Ethanol wurden die Stücke derart angegriffen, dass sie völlig ausgehärtet waren. Vor den Versuchen waren die Fleischstücke weich und biegsam.

Die Stücke aus den Versuchen mit Wasser waren nicht hart, sondern nur etwas aufgequollen, wie es auch menschliche Haut nach dem Baden ist. Auf 40 °C erwärmtes Wasser löste die Versuchsstücke in kurzer Zeit, während die Anwendung von auf 20 °C bzw. 0 °C temperiertem Wasser keine Wirkung zeigte.

Die mit Vaseline vorbehandelten Stücke klebten länger, als vergleichbare Stücke ohne Vaseline.

---

[9] Siehe: Anhang „2. Versuchsergebnisse“

3. Auswertung

3.1 Vergleich

Bei den Versuchen unter Verwendung von Wasser lösten sich die Stücke erst bei 40 °C. Erklärt werden könnte das, da mit steigender Temperatur die Reaktionszeit verkürzt wird (T-R-Regel). Das würde bedeuten, dass Wasser ein mögliches Lösemittel ist, jedoch das Nutzen von wärmerem Wasser sinnvoller ist, als das Nutzen von kaltem Wasser. Ebenso ist Wasser sehr hautschonend.

Aceton ist, im Gegensatz zu acetonhaltigem Nagellackentferner, sehr effektiv, was auf die Zusatzstoffe im Nagellackentferner zurück zu führen sein dürfte. Bei diesem ist Aceton zwar die wirkende Hauptkomponente, jedoch war unter anderem auch Wasser beigemischt. Da die prozentuale Zusammensetzung nicht vom Verkäufer mitgeteilt werden konnte, bzw. durfte, kann man keine genauen Rückschlüsse daraus ziehen. Aceton ist jedoch ein stark hydrophiler Stoff, weshalb bei den Versuchen mit acetonhaltigem Nagellackentferner die wasserhaltige intrazelluläre Flüssigkeit aus den Zellen gezogen wurde. Dadurch trockneten sie aus. Da das Lösen der Fleischstücke unter Verwendung von reinem Aceton bereits nach wenigen Sekunden eintrat, konnte das Aushärten hierbei nicht beobachtet werden. Jedoch wäre dies bei einer längeren Kontaktzeit ebenfalls zu erwarten.

Ethanol sowie Nagellackentferner mit Ethanol lösten die Verklebung nicht. Ebenso zeigten sie eine negative Wirkung[10] auf die Versuchsstücke.

Möglicherweise wurden bei den Versuchen mit acetonfreiem Nagellackentferner die Proteine der Zellwände denaturiert. Ethanol ist ein polares Lösungsmittel, allerdings ist es unpolarer als Wasser. Da im acetonfreiem Nagellackentferner beide Substanzen vorhanden waren, kann es sein, dass sie durch ihre unterschiedlichen Polaritäten die Tertiärstruktur der Membranproteine zerstört haben, so dass die Zellen funktionsunfähig wurden[11]. Das würde die Bewegungsunfähigkeit und die beobachtete weißliche Färbung der Fleischstücke erklären, welche auch ansatzweise bei den Versuchen mit Absolutethanol auftraten. Da in Absolutethanol die Wasserkonzentration viel geringer ist, wirkt nur das

---

[10] Siehe: Anhang „Bild 4: Versuchsstück 2 aus den Versuchen mit acetonfreiem Nagellackentferner auf unbehandelter Schweinehaut"

[11] Hergt, Johannes: Praktikum zur Organischen Chemie für Studierende. Versuch: Denaturierung von Eiklar[online],
http://www.chids.de/dachs/praktikumsprotokolle/PP0365Erkenntnisgewinn_Denaturierung_von_Eiklar_J ohannes_Hergt_WiSe_10_11.pdf, 17.1.2016.

Ethanol auf die Proteine und lässt diese kaum denaturieren, da erst die verschiedenen Polaritäten die Eiweißstruktur angreifen.

Vaseline, die als „Unfallverhütungsmittel" dienen sollte, förderte gegen die Erwartungen nicht das Lösen, sondern die Polymerisation des Ethyl-2-cyanacrylats. Entweder verlängerte das zusätzliche Aufbringen von Vaseline das Lösen der Fleischstücke voneinander oder verhinderte dieses sogar, wie bei den Löseversuchen mit 40 °C warmen Wasser, obwohl die Stücke ohne vorherige Präparation gelöst wurden. Somit sollte auf die Verwendung verzichtet werden.

3.2 Anwendbarkeit im Alltag

Die Anwendbarkeit im Alltag soll nach den Kriterien Kosten, Beschaffungsmöglichkeit, Reaktionszeit und Hautverträglichkeit entschieden werden.

→ Kosten:

Während ein Kubikmeter Wasser bei den Meißener Stadtwerken[12] brutto 2,21 € kostet, bieten verschiedene Internetverkäufer, wie z.B. amazon.de, den Verkauf von Aceton an. Auf besagter Internetseite[13] kostet 1 Liter Aceton 6,99€ zzgl. 5,90 € Versandkosten nach Deutschland. Amazon.de dient dabei nur als Plattform, da als eigentlicher Verkäufer „Aceton Fieberglas Discount" angegeben ist.

Bei den Kosten ist Wasser demnach zweifelsfrei günstiger als Aceton.

→ Beschaffungsmöglichkeit:

Die Beschaffung von Aceton ist ebenso sehr umständlich. Zumeist bekommt man es nur über das Internet und dann sind die Lieferzeiten oft ein bis zwei Werktage, bisweilen länger. Wasser hingegen hat jeder stets zuhause und um es auf 40 °C zu erwärmen braucht man oft nicht einmal einen Wasserkocher oder einen Herd. Die meisten Haushalte besitzen einen Wasseranschluss mit Warmwasserfunktion, die es auf bis zu 50 °C erhitzt.

Auch unter diesem Gesichtspunkt ist die Nutzung von Wasser die bessere Variante.

→ Reaktionszeit

Mit rund 37 Sekunden ist der Lösevorgang unter Verwendung von warmem Wasser wesentlich langsamer, als unter Nutzung von Aceton, bei welcher bereits nach 3 Sekunden die Verklebung gelöst wird.

---

[12] Meißener Stadtwerke: Preise gültig ab 01.01.2016 [online]. https://www.stadtwerke-meissen.de/privatkunden/wasser/preise.html, 26.01.2016.

[13] Amazon: 1 Liter Aceton [online]. http://www.amazon.de/Aceton-Fieberglas-Discount-1-Liter-Aceton/dp/B007905VHQ, 26.01.2016.

$\rightarrow$ Effekte auf die Haut

Wasser lässt die Haut aufquellen, jedoch bleibt eine Langzeitwirkung aus.

Aceton hingegen trocknet die Haut extrem aus. In den durchgeführten Experimenten war der Kontakt mit Aceton so kurz, so dass keine ersthafte Schädigung auftrat.

Zusammenfassend kann man also feststellen, dass im Falle einer Verklebung der Finger mit Ethyl-2-cyanacrylat, die Finger zunächst mit warmen Wasser behandelt werden sollten. Falls dies nicht gelingt, kann man immer noch zu Aceton greifen oder, wie es im Beipackzettel des Sekundenklebers empfohlen wird, zum Arzt gehen, der die Verklebung dann mechanisch löst.

3.3   Fehlerbetrachtung

In dieser Arbeit gab es viele Parameter, daher könnten die durchgeführten Versuche durchaus leicht voneinander abweichen.

Bei der Präparation der Fleischstücke könnten diese in Größe und Oberflächenbeschaffenheit variieren. Ebenso wurde durch das vorherige Waschen mit Wasser und Seife eventuell Einfluss auf die Stücke genommen. Die Menge des aufgetragenen Ethyl-2-cyanacrylats und die Zeit zum Auspolymerisieren könnten ebenfalls differieren. Die aufgetragenen Mengen von Vaseline könnten ebenso voneinander abweichen.

Die Zeit, die es braucht, die Fleischstücke in den Versuchsaufbau einzuspannen, wurde nicht gemessen, so dass an dieser Stelle einige Ungenauigkeiten aufgetreten sein werden. Zudem konnte die Stärke des Federkraftmessers erst nach dem Einspannen eingestellt werden.

Die Zusammensetzung der Nagellackentferner und die genauen Inhaltsstoffe des Sekundenklebers sind leider unbekannt, da der Händler auf Anfrage sowohl die Angaben als auch den Namen des Herstellers nicht zur Verfügung stellen wollte.

Zudem verflüchtigt sich das Aceton bzw. das Ethanol langsam aus den Nagellackentfernern, daher nimmt ihre Wirkung mit der Zeit ab.

Es kann ebenso wenig ausgeschlossen werden, dass durch kleine Stöße und Bewegungen im Boden (z.B. durch Laufen) die Versuchsanlage nicht bewegt wurde.

Zusammenfassung

Die im Rahmen dieser Arbeit durchgeführten Versuche haben gezeigt, das auf 40 °C erwärmtes Wasser und Aceton geeignete Lösemittel darstellen, wohingegen die Nagellackentferner, Ethanol und Wasser bei 0 °C und 20 °C keine Wirkung zeigten.

Zudem wurde festgestellt, dass die Anwendung von Nagellackentferner die Haut extrem schädigte. Dabei stellt sich die Frage, ob sie als kosmetische Mittel zur direkten Benutzung auf der Haut zugelassen werden sollten.

Der Umstand, dass Vaseline die Polymerisation förderte und damit das Lösen in allen Fällen unmöglich machte oder verzögerte, wiedersprach den Erwartungen. Jedoch sollte in zukünftigen Versuchsreihen die Vorbeugung einer Verklebung untersucht werden, um eine hautverträgliche Creme oder ähnliches zu entwickeln, die verheerende Unfälle, auch in der Augenpartie, verhindern könnte.

Für entsprechende Versuche und Untersuchungen an anderen Klebern kann die, eigens für diese Arbeit entwickelte, Anlage verwendet werden. Natürlich müsste sie in vielerlei Hinsicht optimiert werden, aber die Grundidee könnte von Unternehmen übernommen werden, um zu ihren Produkten umfangreiche Untersuchungen durchzuführen. Die daraus gezogenen Informationen sollten dann auf Beipackzetteln und Bedienungsanleitungen von Klebern abgedruckt werden, so dass die Anwender noch vor Gebrauch nachlesen können, wie sie bei einem möglichen Unfall mit dem Sekundenkleber reagieren müssen. Denn, wie die Vorbetrachtung gezeigt hat, ist eine schnelle Reaktion auf die Verklebung die beste Möglichkeit den Lösevorgang zu verkürzen, bzw. überhaupt zu ermöglichen.

Literaturverzeichnis

• Amazon: 1 Liter Aceton [online]. http://www.amazon.de/Aceton-Fiberglas-Discount-1-Liter-Aceton/dp/B007905VHQ, 26.01.2016.

• Brahm, Martin: Polymerchemie kompakt. Stuttgart: S. Hirzel Verlag, 2009.

• Chemie.de: Cyanoacrylat [online]. http://www.chemie.de/lexikon/Cyanoacrylat.html, 31.1. 2016.

• chemie.de: Ethylcyanacrylat[online]. http://www.chemie.de/lexikon/Ethylcyanacrylat.html,

• Hergt, Johannes: Praktikum zur Organischen Chemie für Studierende des Lehramts WS 2010/11. Versuch: Denaturierung von Eiklar[online]. http://www.chids.de/dachs/praktikumsprotokolle/PP0365Erkenntnisgewinn_Denaturierung_von_Eiklar_Johannes_Hergt_WiSe_10_11.pdf,

• Institut für Arbeitsschutz der Deutschen Gesetzlichen Unfallversicherungen: Ethyl-2-cyanacrylat [online], 31.1. 2016. http://gestis.itrust.de/nxt/gateway.dll?f=templates$fn=default.htm$vid=gestisdeu:sdbdeu$3.0, 28.11.2015.

• Sigma Aldrich: Ethyl 2-cyanoarylate [online]. http://www.sigmaaldrich.com/catalog/product/aldrich/e1505?lang=de®ion=DE, 31.1. 2016.

• Meißener Stadtwerke: Preise gültig ab 01.01.2016 [online]. https://www.stadtwerke-meissen.de/privatkunden/wasser/preise.html, 26.01.2016.

• Wagner, Volker; Wechsler, Dietmar: Nanotechnologie II. Anwendung in der Medizin und Pharmazie. [online]. http://www.vditz.de/fileadmin/media/publications/pdf/50.pdf, 31.1.2016.

• Yordanov, Georgi; Bedzhova, Zorka: Poly (ethyl cyanoacrylate) colloidal particles tagged with Rhodamine 6G: preparation and physicochemical characterization [online]. http://costd43.lcpe.uni-sofia.bg/files/Articles/CEJC-D-11-00093.pdf, 31.1. 2016.

Anhang

1. Bilder

1.1   Strukturen

Bild 2: Struktur von Ethyl-2-cyanacrylat[14]

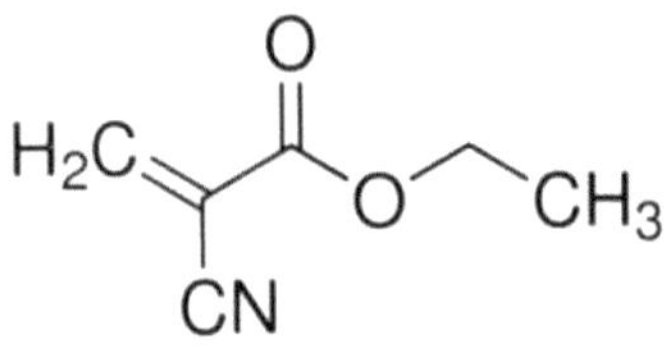

Bild 3: Anionische Polymerisation von Ethyl-2-cyanacrylat[15]

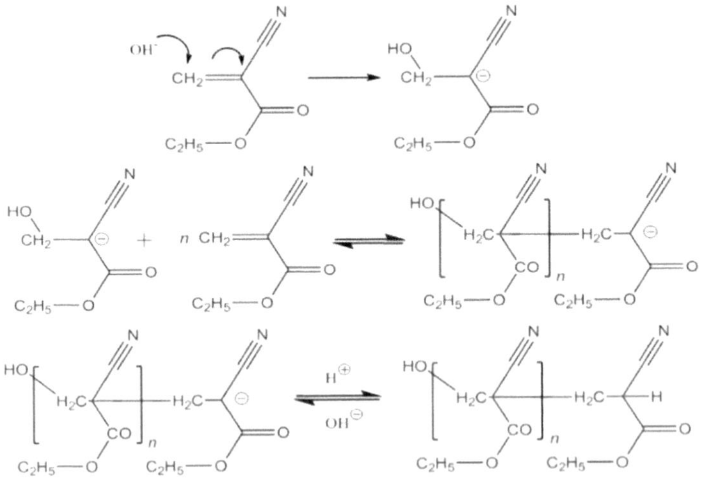

---

[14] Sigma Aldrich: Ethyl 2-cyanoarylate [online].
http://www.sigmaaldrich.com/catalog/product/aldrich/e1505?lang=de®ion=DE, 31.1. 2016.

[15]Yordanov, Georgi; Bedzhova, Zorka: Poly (ethyl cyanoacrylate) colloidal particles tagged with Rhodamine
6G: preparation and physicochemical characterization [online]. http://costd43.lcpe.uni-
sofia.bg/files/Articles/CEJC-D-11-00093.pdf, 31.1. 2016.

Bild 4: Versuchsstück 2 aus den Versuchen mit acetonfreiem Nagellackentferner auf unbehandelter Schweinehaut

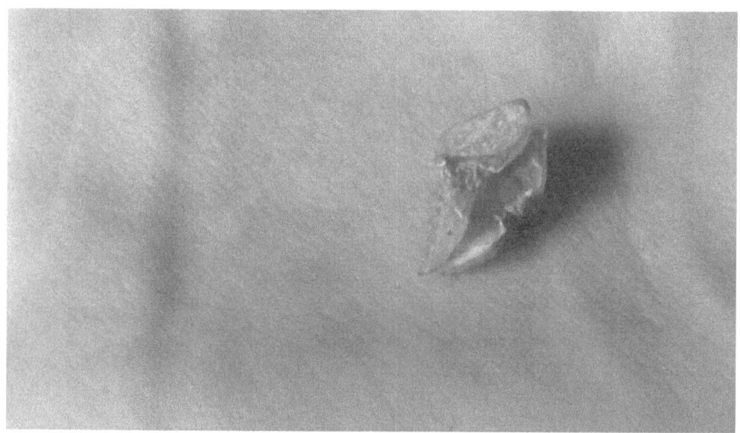

Am Versuchsstück ist hier deutlich die rötliche Färbung, die von den Farbstoffen des Nagellackentferners her rührt zu sehen, sowie die extreme Verhärtung der Haut. Im Vergleich dazu ist die unbehandelte Haut natürlich gefärbt, fettig und biegsam.

2. Versuchsergebnisse

Tabelle 1: Versuchsergebnisse für Experimente mit Wasser

	Versuch 1	Versuch 2	Versuch 3	Durchschnitt
0 °C	Abgebrochen nach 45 Minuten	Abgebrochen nach 45 Minuten	Abgebrochen nach 45 Minuten	45 Minuten
20 °C	Abgebrochen nach 45 Minuten	Abgebrochen nach 45 Minuten	Abgebrochen nach 45 Minuten	45 Minuten
40 °C	0:14.3 Minuten	0:42.1 Minuten	0:56.3 Minuten	0:37.37 Minuten

Tabelle 2: Versuchsergebnisse für Experimente mit Aceton

	Versuch 1	Versuch 2	Versuch 3	Durchschnitt
Nagellack- entferner acetonhaltig	Abgebrochen nach 45 Minuten	1:04.2 Minuten	Abgebrochen nach 45 Minuten	30:21.3 Minuten
techn. Aceton	0:02.3 Minuten	0:04.7 Minuten	0:04.2 Minuten	0:03.4 Minuten

Tabelle 3: Versuchsergebnisse für Experimente mit Ethanol

	Versuch 1	Versuch 2	Versuch 3	Durchschnitt
Spiritus	Abgebrochen nach 45 Minuten	Abgebrochen nach 45 Minuten	Abgebrochen nach 45 Minuten	45 Minuten
Nagellack- entferner nicht acetonhaltig	Abgebrochen nach 45 Minuten	Abgebrochen nach 45 Minuten	Abgebrochen nach 45 min	45 Minuten

Tabelle 4: Versuchsergebnisse für Experimente mit Vaseline

	Wasser			Aceton		Ethanol	
	0 °C	20 °C	40 °C	Nagellack-entferner acetonhaltig	Pur	Nagellack-entferner nicht acetonhaltig	Spiritus
Weiße Vaseline	Ab. nach 45 Min.	Ab. nach 45 Min.	Ab. nach 45 Min.	Ab. nach 45 Minuten	4:28.2 Minuten	Ab. nach 45 Minuten	Ab. nach 45 Minuten